NOTE

L'ENGRAISSEMENT DU BÉTAIL.

NOTE

SUR

L'ENGRAISSEMENT DU BÉTAIL *,

PAR CAFFIN D'ORSIGNY.

Tous les faits qui se rattachent à la production de la viande ont un intérêt immense pour l'économie agricole.

M'étant occupé dès long-tems de cette question au point de vue économique, j'ai conservé par devers moi des faits que je crois devoir livrer à la publicité dans un moment où la théorie des engrais pour les plantes et de l'engraissement des animaux exerce, d'une manière si remarquable, la sagacité de nos savans.

En examinant la variation qui existe entre le poids brut des animaux à l'engrais et la quantité

* Cette note a été lue à l'académie des sciences le 7 août 1843, et à la société royale et centrale d'agriculture le 16 du même mois.

1844

d'alimens qu'ils consomment utilement, je me suis aperçu qu'on ne pouvait trouver dans ces termes les élémens d'un rapport constant, et qu'on ne peut non plus trouver l'un des termes de ce rapport dans le poids brut de l'animal maigre.

Les praticiens évaluent une bête maigre non point d'après son poids à l'état maigre, mais bien d'après celui qu'elle peut acquérir par l'engraissement. Ils ont une telle habitude de ces évaluations, qu'ils commettent rarement des erreurs excédant 6 p. 100. Le poids qu'ils stipulent dans ce cas, étant fait dans la vue de la boucherie, s'applique à l'animal abattu et pesé séparément des résidus, c'est-à-dire sans les pieds, la tête, la peau, la fressure, etc. (1). Le poids ne s'applique donc uniquement qu'à la viande vendable en boucherie.

J'ai remarqué que ce poids, comparé avec la consommation quotidienne utile de l'animal à l'engrais, offre le rapport constant que j'avais vainement cherché ailleurs. Ainsi, un bœuf, une vache ou un mouton mis à l'engrais, consomment, par jour, une nourriture sèche égale à 5 p. 100 du poids de viande vendable que l'animal fournira après l'engraissement terminé. Ainsi, encore, un

______

(1) Ce résidu s'élève à environ 50 p. 100 du poids de la viande, pour les bœufs, et 45 p. 100 pour les moutons. Sa valeur en argent s'élève parfois au quart du prix d'achat de l'animal.

bœuf pesant maigre 3oo kil., et susceptible par sa nature d'acquérir le poids de 4oo kil. (langage de nourrisseur (1), exige, par chaque jour, à l'engrais, 20 kil. de matière sèche pour sa nourriture.

On comprendra facilement l'exactitude de ce rapport quand on aura médité sur le mode et le but de l'engraissement ; on en comprendra l'utilité quand on se rappellera les fautes nombreuses que commettent les praticiens, soit par la prodigalité, soit par la parcimonie dans le dosage des alimens destinés aux bestiaux à l'engrais.

Après avoir vérifié par un grand nombre d'expériences l'exactitude de ce rapport, j'ai étendu mes recherches à la puissance productive de viande des principaux alimens qui servent de base à l'engrais.

Mes recherches ont été appliquées spécialement aux bœufs, vaches, moutons, porcs et veaux. Elles ont porté sur un nombre très-considérable d'animaux, plus de 4o,ooo bêtes, et je consigne ici les résultats que j'ai obtenus, présumant qu'ils pourront offrir quelque intérêt.

(1) Toutes les fois que, dans la suite de cette note, je désignerai le poids d'un animal gras, ce sera toujours celui de nourrisseur que j'aurai en vue.

POUR LES BŒUFS, VACHES ET MOUTONS.

1 kil. de viande (1)
est produit par 25 kil. de *foin sec*, 1re qualité.
   ou par 30 — de *luzerne sèche*.
    36 — de *trèfle sec*.
    17 — de *fourrages en grains*,
       comme *pois*, *vesces*,
       féverolles.
    13 — d'*avoine* (2).
    10 — d'*orge*.
    7 — de *tourteau de lin*.

POUR LES PORCS.

1 kil. de viande est produit par 7 kil. d'*orge*.
      ou par 10 — d'*avoine*.

(1) L'accroissement du poids des animaux comprend, sous la dénomination de viande, la chair et la graisse sans distinction, et l'on conçoit que les rapports entre ces deux produits varient suivant que l'animal, arrivé au terme de sa croissance, prend surtout de la graisse, tandis que, durant la croissance, il acquiert plus de viande. Ces rapports varient, du reste, suivant la nature des alimens, comme on le verra plus loin.

(2) L'avoine, il est vrai, est rarement employée seule.

POUR LES VEAUX.

1 k. de viande est pr. par 11 k. de *lait pur*,
ou par 17 — de *lait écrémé*.

Je ne donnerai pas les détails des expériences qui m'ont conduit à ces diverses conclusions ; seulement je dirai quelles sont les moyennes d'un très-grand nombre de faits et d'expériences auxquels j'ai apporté tout le soin que leur importance méritait.

Les nombres du tableau ci-dessus, exprimant la puissance productive en viande et en graisse, ne cessent pas d'être vrais quand on donne à un animal, ainsi qu'on doit le faire, plusieurs alimens ; seulement alors le produit en viande est encore exprimé par la combinaison des rapports, suivant la proportion par laquelle chaque aliment concourt à l'engraissement.

Ces résultats étant fournis par des calculs simples, je n'insisterai pas sur la manière de les obtenir.

Il est inutile de faire remarquer que le tableau précité permet encore de calculer facilement la durée d'un engrais, lorsqu'on a déterminé le poids que l'animal doit prendre par l'engraissement.

Les veaux livrés à la boucherie de Paris sont de deux sortes : les uns sont dits *veaux gras*, et les autres *veaux maigres*.

Ces deux sortes de viandes sont produites par le même aliment, le lait ; seulement on l'écrème (1) pour faire le veau maigre, et on ne l'écrème pas pour faire le veau gras. L'engrais a pour l'un et pour l'autre la même durée, trois mois environ.

Les veaux pèsent en moyenne, en naissant, environ 20 kil. Leur consommation quotidienne de lait varie avec leur développement, et on ne les vend ordinairement qu'à l'âge de trois mois ; ils ont consommé, en moyenne, 15 l.,25 de lait par jour, ce qui fait 1,372 litres en trois mois. A cette époque, le veau maigre pèse environ 100 kil., et le veau gras 140. Il est à remarquer que cette différence de poids provient uniquement de la graisse qui se trouve en plus dans le veau gras. Il est à remarquer encore que cette différence représente à peu de chose près le beurre qui existe en plus dans

(1) Le lait écrémé, fourni aux veaux, contient encore environ le dixième de sa crème. On distingue dans les marchés, sous le nom de *Gournayeux*, les veaux maigres nourris avec le lait écrémé. Cette dénomination vient d'une ancienne habitude prise à GOURNAY de faire du beurre avec la crème, et de nourrir les veaux avec le lait écrémé. Les veaux maigres obtenus par le même moyen en d'autres localités se désignent également sous le nom de *Gournayeux*.

l'aliment du veau gras, lequel beurre représente environ 3 k.,66 par 100 kil. de lait.

Les données de cette note peuvent servir à fixer le cultivateur sur le parti qu'il a à prendre pour l'emploi de ses récoltes : ainsi, par exemple, si un bœuf gras sur pied vaut 1 f. 20 c. le k. en moyenne, et que le maigre vaille 1-10, il y aura du bénéfice à faire l'engrais lorsque le foin vaudra moins de 30 fr. les 100 bottes ; la luzerne, moins de 25 f. ; le trèfle, moins de 20-83 ; l'orge, moins de 15 fr. les 100 kil. ; le tourteau de lin, moins de 21 fr. 42 c.

Un bœuf maigre, pesant 300 kilog.,
   coûte, à 1 fr. 10 c. le kilog. . . . . 330 fr.
Le même bœuf pèsera, gras, 400 kil.
   à 1 fr. 20 c. 480
             Différence. . . . . . 150 fr.

Ces 150 fr. représentent la marge offerte au cultivateur pour faire l'engraissement des bœufs, c'est-à-dire le produit en argent, imputable aux diverses nourritures consommées par cet engraissement. L'engraissement des moutons présente encore plus d'avantage, parce que le prix de la viande est plus élevé, et que la différence du prix de cette viande maigre avec la grasse est toujours plus grande que celle des bœufs ; on ne parle pas des fumiers : ils représenteront les frais et soins divers.

Je terminerai cette note par une observation qui se rattache à la question de l'engraissement des bestiaux, et qui pourrait faire naître une série d'expériences aussi importantes qu'intéressantes.

Le prix de la viande maigre, comparé au prix de la viande grasse et à la valeur des alimens, n'assigne à l'engraissement des bestiaux, dans quelques localités, d'autre utilité que celle de produire les fumiers indispensables aux besoins de la ferme. Ce mode de produire des fumiers peut souvent, pour ces localités, être onéreux, désastreux même pour le cultivateur : d'abord, il exige l'immobilisation d'un capital qui, parfois, grève et obère l'entrepreneur ; d'un autre côté, les épizooties et accidens divers qui peuvent atteindre les troupeaux doivent souvent compromettre la fortune des propriétaires.

En présence de ces faits, je me suis demandé souvent s'il ne serait pas plus économique et plus profitable au cultivateur qui se trouve dans ces circonstances défavorables de transformer immédiatement les produits qu'il consacre ordinairement, sans autre but utile, à la nourriture de ses bestiaux.

Si l'on met à part l'intérêt immense qu'offre la production de la viande, on pourra peut-être résoudre affirmativement la question que je me suis faite ; rien, du moins, dans les théories physiques, chimiques et physiologiques , ne s'oppose à cette solution ; au contraire , les fumiers doivent contenir en plus la matière qui eût servi à nourrir et à engraisser les animaux. La méthode des composts et les procédés *Jauffret* offrant un moyen de transformer rapidement en engrais toute espèce de matière organique, ne peut-on pas croire aussi que les alimens habituels des animaux soumis à cette méthode, ne perdraient rien de leur masse , et agiraient directement sur les plantes en raison de leur équivalent réel ? Elle permettrait encore de faire les fumiers sur le lieu de leur emploi, et éviterait par cela même les frais de transport des fourrages à la ferme, et ceux, beaucoup plus considérables, des fumiers aux champs. Il faut observer enfin que les fumiers représentent un poids cinq fois plus considérable que les fourrages.

CONCLUSION

Des faits précédemment exposés , il faut conclure :

1° Que tout le tems employé à nourrir un animal à l'engrais avec une ration insuffisante est tems et argent perdus ;

2° Que l'on ne doit pas donner à l'animal mis à l'engrais une ration qui n'atteindrait pas 5 p. 100 de son poids de viande vendable ;

3° Que l'engraissement est d'autant plus profitable, que l'on peut donner sur la ration d'entretien un plus grand excès de nourriture, pourvu que cet aliment soit bien digéré (1) ;

4° Qu'à poids égal de substance sèche, les alimens, d'ailleurs de bonne qualité, ont des effets très-différens dans l'engraissement des animaux ; que, sous ce rapport, les tourteaux de graines oléagineuses tiennent le 1er rang : ils donnent environ quatre fois plus que le foin et la luzerne, et deux fois plus, au moins, que les graines de légumineuses ;

5° Que dans l'engraissement des veaux nourris exclusivement avec du lait, la graisse produite dans l'animal est évidemment en rapport avec la quantité de beurre contenu dans le lait.

J'ajouterai que ma confiance est telle en cette donnée pratique, d'accord avec la théorie actuelle, que je me propose d'appliquer à l'engraissement des porcs un mélange de graisse économiquement obtenue, comme je le dirai plus tard, avec des pommes de terre, qui, employées seules, ne peuvent engraisser les cochons qu'au bout d'un laps de tems très-prolongé. Je me propose également d'appliquer cette méthode aux volailles.

(1) Il résulte de là qu'on doit, dans les 1ers jours de l'engraissement, ménager cet excès et l'augmenter, par degrés plus ou moins rapides, suivant la force de l'animal.

TABLEAU

*Du fumier produit par 35 kil. d'alimens secs con-
sommés par deux bétes à cornes du poids chacune de 35o kil. de viande, comparativement à
celui obtenu par trois bétes pesant chacune le
méme poids, et qui auront consommé à elles
trois la méme quantité, 35 kil. d'aliment.*

———

Les deux bêtes à cornes, du poids chacune de
350 kil. (viande), consommeront. . . .   35 k.
Paille pour litière, chacune, 4 k.5. .   9
Eau pour boisson.   136
                ————
  Total de la consommat. des 2 bêtes.   18o

Mais elles absorberont chacune, par la
respiration et la transpiration :
En aliment sec. .   6 k.⎫
               ⎬27 k. les deux.   54
En eau. 21   ⎭
                ————
Elles rendront en résidu ou fumier,
par jour.   126
                ————
      Par an. . . . . 45,99o k.

D'autre part. . . . . . . 45,990 k.

Les 3 bêtes à cornes, pesant aussi chacune 350 k., auxquelles on aura donné
la même quant. d'alim., soit. 180 k.
auront absorbé chacune :
Aliment sec. 6 k.
En eau. 21
_____
27 les 3 bêtes. 81
_____

Elles rendront, en résidu ou
fumier, par jour . . . . 99 k.

Par an. . . . . 34,135 k.
_____

Différence en moins. . . . . . 11,855 k.

Ainsi, les 35 kil. d'aliment consommés par deux
bêtes produisent plus de fumier que s'ils avaient été
consommés par trois.

Il faut en conclure qu'un cultivateur qui a un
tiers d'animaux de plus qu'il n'a d'aliment à leur
donner pour les nourrir à discrétion, perdra son
tems et son argent, au lieu que s'il n'a que le
nombre nécessaire pour les bien nourrir, il en ob-
tiendra des bénéfices, et les engrais ne lui coûteront
plus rien.

Toutes ces choses sont parfaitement connues
dans le département de Seine-et-Oise, que je
prends exprès pour exemple, parce que c'est celui
où le prix des fourrages est le plus cher ; parce qu'il

est dans les conditions les plus favorables pour la vente, et parce que c'est encore celui où la valeur locative est la plus élevée. Cependant, ce département fournit à nos grands marchés de Poissy et de Sceaux la plus grande quantité et la meilleure qualité de viande proportionnellement à son étendue; et l'arrondissement de Versailles, qui pourrait profiter de tous ces avantages, fait en grand l'élevage et l'engraissement des animaux.

Si l'on consulte MM. Dailly, Pasquier, Notta, Pigeon et tant d'autres cultivateurs distingués, ils nous apprendront que leurs produits en viande grasse sont si considérables, et l'abondance des engrais qu'ils en obtiennent telle, que leurs terres sont fumées tous les deux ans, à savoir : une fumure complète pour deux récoltes et une demi-fumure pour la troisième récolte. Cette dernière se compose de parcages, de fientes de poules et de pigeons, et de poudrette, etc., etc.

La quantité de fumier, produite par l'éducation et l'engraissement des animaux, a favorisé la culture des céréales et des plantes oléagineuses, au point que les récoltes s'élèvent communément à 3o hectolitres de froment, et 55 à 6o hectolitres d'avoine par hectare.

Nous avons entendu M. Dailly déclarer, au congrès, que le colza lui a donné jusqu'à 250 fr. de bénéfice net par demi-hectare, et que ses blés, les plus beaux, ont toujours été ceux qui avaient succédé au colza.

On ne trouve plus, parmi ces cultivateurs, des hommes qui nourrissent des animaux de rente avec une ration d'entretien qui n'en augmenterait jamais la valeur. Aussi, tous leurs établissemens sont pour ainsi dire des fermes-modèles pratiques, parce que ces cultivateurs ont appris à faire valoir dans toutes les conditions possibles ; qu'ils savent non-seulement la culture et le système d'assolement qui convient le mieux à la localité ; mais qu'ils connaissent aussi le maniement de tous les instrumens aratoires ; la manière d'élever et de diriger les animaux et de les maintenir en bonne santé ; et qu'ils entendent très-bien la spéculation qui leur est propre.

Que d'aussi bons exemples soient propagés de proche en proche, et dans un petit nombre d'années la France produira toute la viande nécessaire à sa consommation, et à un prix tel que nous n'aurons plus besoin de protection. C'est pourquoi je demande que le droit d'entrée ne soit que temporaire.

De l'Imprimerie de **PILLET** aîné, rue des Grands-Augustins, n° 7.